Terisa Sapkota

Governação

Terisa Sapkota

Governação

Situação da boa governação

ScienciaScripts

Imprint

Cover image: www.ingimage.com

This book is a translation from the original published under ISBN 978-620-7-46976-5.

Publisher:
Sciencia Scripts
is a trademark of
Dodo Books Indian Ocean Ltd. and OmniScriptum S.R.L publishing group

120 High Road, East Finchley, London, N2 9ED, United Kingdom
Str. Armeneasca 28/1, office 1, Chisinau MD-2012, Republic of Moldova, Europe
Printed at: see last page
ISBN: 978-620-7-95214-4

Conteúdo

RECONHECIMENTO

Esta tese de licenciatura não existiria sem a contribuição de tempo e atenção de muitas pessoas. Devo a minha sincera gratidão a todos os indivíduos e instituições que me ajudaram a levar a cabo a minha investigação.

Antes de mais, gostaria de expressar os meus sinceros agradecimentos ao Professor Associado *Dr. Gandhiv Kafle, Diretor* da Faculdade de Silvicultura (FOF), Hetauda. Estou extremamente grato ao *Professor Sanjay Kumar Upadhyay, Vice-Reitor (FOF)*. Estou também extremamente grato à *Professora Assistente, Sra. Kripa Pokhrel, Diretora* do Colégio de NRM. Gostaria também de agradecer ao FRTC pela iniciação.

Estou imensamente grato à minha conselheira académica, *a Sra. Kripa Pokhrel*, Professora Assistente, Faculdade de NRM, pelas suas ideias perspicazes, comentários criativos e construtivos e orientação incansável. O seu apoio intelectual durante a materialização de todo o trabalho de investigação, desde a redação da proposta até à preparação do relatório, é inestimável para mim.

Gostaria de expressar a minha sincera gratidão e agradecimento ao meu conselheiro no terreno, o *funcionário florestal Debendra Bhandari*, pela sua supervisão, apoio moral e orientação durante todo o período da minha investigação. Agradeço ao Gabinete da Divisão Florestal, Tehrathum, por me ter proporcionado o melhor ambiente possível para realizar o meu estágio e a minha tese.

Este relatório não seria possível sem as respostas e a cooperação concedidas pelos utilizadores de todos os grupos de utilizadores da floresta comunitária. Um agradecimento especial vai para o membro do comité e para os membros do grupo por partilharem os seus conhecimentos, experiência, ideias e criarem um ambiente amigável e um comportamento útil durante o estudo de campo. Gostaria de agradecer especialmente ao meu amigo Santosh G.C, Samikshya Niure, Yubraj Bhandari e Prativa Pokhrel pelo seu apoio contínuo e por me ajudarem a preparar este relatório. De igual modo, estou grato a todos os meus colegas pelas suas valiosas sugestões e pela sua amável cooperação. Estendo os meus agradecimentos aos inquiridos da área de estudo pela sua amável cooperação e tempo precioso para responderem aos questionários, apesar de estarem muito ocupados com as suas explorações agrícolas e outras actividades domésticas.

Por último, mas não menos importante, gostaria de agradecer aos meus pais pelo seu amor abundante, apoio e inspiração na realização da tese. Sem eles, nunca teria sido o que sou atualmente.

Terisa Sapkota

RESUMO

Nome: Terisa SapkotaRegd . N.o : 3-1-048-2018

Semestre e ano de admissão: Primeiro, 2018Grau : BSc. Silvicultura

Orientador: Prof. Kripa Pokhrel

As florestas comunitárias têm sido amplamente aclamadas como abordagens altamente eficazes da gestão e governação participativas das florestas. Estudos prévios que avaliem o estado da boa governação são manifestamente inexistentes na floresta comunitária do município de Myanglung. Apesar da grande quantidade de literatura em domínios relevantes, não foi efectuada qualquer investigação aprofundada sobre o estado da boa governação nestas florestas comunitárias. Há uma necessidade crítica de estudos neste domínio para colmatar esta lacuna de conhecimentos. Para identificar a lacuna entre o estado de governação desejado e o existente no grupo comunitário de utilizadores da floresta (GUF da floresta), foram selecionados cinco GUF da municipalidade de Myanglung, no distrito de Tehrathum, com base na sua acessibilidade e na formação do OP num período de cinco anos. Foi realizado um inquérito por questionário para avaliar o estado da governação. O questionário foi preparado tendo em conta os elementos-chave da governação, como a transparência, a participação, a responsabilidade, o Estado de direito, a capacidade de resposta, a orientação para o consenso, a equidade e a inclusão, bem como a eficácia e a eficiência. O estudo concluiu que o estado da governação no Ranipokhari murti CFUG apresenta boas condições de governação, enquanto os Kholi ramite CFUG, Daskate CFUG, Sano sabla CFUG e Sathi mure CFUG apresentam condições de governação médias. Do mesmo modo, o nível de governação é mais elevado na CFUG de Ranipokhari murti e mais baixo na CFUG de Sathi mure. De um modo geral, o nível médio de governação em cinco CFUG foi de 63,4%, o que permite concluir que o nível de governação no município de Myanglung é médio. O reforço da governação é uma condição prévia para fazer progredir o estado da governação no CFUG. Todos os CFUG necessitam de mais esforços e empenho para melhorar a governação no município de Myanglung.

Palavras-chave: Reforço da governação, sustentabilidade, responsabilidade, etc.

Autor Terisa Sapkota

Prof. adjunto Kripa Pokhrel

Conselheiro principal

शोधसार

नाम: टेरिसा सापकोटा दर्ता. नम्बर: ३-१-०४८-२०१८

सत्रान्त तथा भर्ना वर्ष: प्रथम, २०१८ तह: स्नातक, वन विज्ञान

मुख्य सल्लाहकार: उप प्रा. कृपा पोखरेल

सामुदायिक वनहरूले सहभागितामूलक वन व्यवस्थापन र शासनको उच्च प्रभावकारी दृष्टिकोणको रूपमा व्यापक प्रशंसा प्राप्त गरेको छ। म्याङलुङ नगरपालिकाको सामुदायिक वनमा सुशासनको अवस्थाको मूल्याङ्कन गर्ने यसअघिका अध्ययनहरू स्पष्ट रूपमा अनुपस्थित छन्। सान्दर्भिक क्षेत्रहरूमा प्रशस्त मात्रामा साहित्य भए पनि यी सामुदायिक वनहरूमा सुशासनको अवस्था हेर्नको लागि कुनै गहन अनुसन्धान भएको छैन। यस ज्ञानको खाडललाई भर्नको लागि यस क्षेत्रमा अध्ययनको महत्त्वपूर्ण आवश्यकता छ। सामुदायिक वन प्रयोगकर्ता समूह (CFUG) मा वांछित र विद्यमान शासन स्थिति बीचको अन्तर पहिचान गर्न, पाँच वर्षको अवधिमा कार्ययोजना गठन र पहुँचको आधारमा तेह्रथुम जिल्लाको म्याङलुङ नगरपालिकाबाट पाँच CFUG चयन गरिएको थियो। सुशासनको अवस्था मूल्याङ्कन गर्न प्रश्नावली सर्वेक्षण गरिएको थियो। पारदर्शिता, सहभागिता, जवाफदेहिता, विधिको शासन, उत्तरदायी, सहमति उन्मुख, समानता र समावेशीता र प्रभावकारिता र दक्षता जस्ता सुशासनका मुख्य तत्वहरूलाई ध्यानमा राखी प्रश्नावली तयार गरिएको थियो। रानीपोखरी मुर्ति सिएफयुजीमा सुशासनको अवस्था रहेको अध्ययनले देखाएको छ भने खोली रमिटे सिएफयुजी, दस्कटे सिएफयुजी, सानो सबला सिएफयुजी र साथी मुरे सिएफयुजीमा मध्यम शासनको अवस्था रहेको पाइएको छ । त्यसैगरी रानीपोखरी मुर्ति CFUG मा सुशासनको स्थिति उच्च र साठीमुरे CFUG मा सबैभन्दा कम छ। समग्रमा पाँचवटा CFUG मा सुशासनको औसत स्थिति ६३.४% थियो, जसले म्याङलुङ नगरपालिकामा सुशासनको अवस्था मध्यम अवस्थामा रहेको निष्कर्ष निकाल्छ। CFUG मा सुशासनको स्थितिलाई अगाडि बढाउन सुशासनको सुदृढीकरण पूर्वशर्त हो। म्याङलुङ नगरपालिकामा सुशासन सुधार गर्न सबै CFUGs को थप प्रयास र प्रतिबद्धता आवश्यक छ।

मुख्य शब्दहरू: शासन सुदृढीकरण, स्थिरता, उत्तरदायित्व आदि

CAPÍTULO 1

INTRODUÇÃO

1.1 Antecedentes da investigação

O Nepal é um líder mundial no domínio da silvicultura comunitária. A silvicultura comunitária no Nepal foi introduzida com o objetivo de satisfazer as necessidades florestais básicas da população local e de controlar a desflorestação (Pokharel, 2003).

Desde as duas últimas décadas, as comunidades locais têm participado na gestão e utilização das florestas do Nepal. A política do governo destinava-se inicialmente a satisfazer as necessidades básicas das comunidades através da participação ativa dos indivíduos e das comunidades no desenvolvimento e na gestão das florestas. Mais tarde, foi alargada para incluir a mobilização e a capacitação dos Grupos de Utilizadores Florestais Comunitários (GUFC) no desenvolvimento das suas comunidades (Authors et al., 2004).

A introdução do programa de Silvicultura Comunitária (FC) no Nepal é um passo corajoso, inovador e prometedor no sentido da gestão participativa das florestas, tendo sido reconhecido em todo o mundo como um programa bem sucedido centrado nas pessoas (GURUNG, 2007).

O processo de formação de UAGCs foi muito lento no início do programa de silvicultura comunitária. Uma medida desta tendência através do cálculo do declive, utilizando a análise de regressão, indica que foram formados 778 CFUGs por ano no país antes de 1995. Com a aplicação da Lei das Florestas (1993) e do Regulamento das Florestas (1995), a silvicultura comunitária passou a dispor de uma base jurídica para a sua implementação. Consequentemente, o número de UACGs formados por ano aumentou para 1 479 até ao ano 2000 (Community et al., n.d.).

A introdução do programa de Silvicultura Comunitária (FC) no Nepal constitui um passo corajoso, inovador e promissor no sentido da gestão participativa das florestas, tendo sido reconhecido em todo o mundo como um programa bem sucedido centrado nas pessoas (Paudel & Vogel, 2007).

A nível mundial, a gestão florestal comunitária é agora um método proeminente de gestão das florestas e um paradigma útil para melhorar o nível de vida das partes interessadas locais e produzir resultados socioeconómicos e biofísicos (Cadman et al., 2023).

O programa de silvicultura comunitária (FC) do Nepal é considerado um exemplo bem sucedido de descentralização da gestão dos recursos naturais que satisfaz as necessidades das populações em termos de produtos florestais e melhora a sustentabilidade ambiental. No entanto, os dados emergentes indicam que os grupos de utilizadores florestais comunitários (GUFC) - instituições-chave na gestão das florestas comunitárias - são institucionalmente fracos para assegurar a boa governação e a gestão equitativa dos recursos. Os grupos de utilizadores florestais comunitários têm enfrentado o grande desafio de abordar questões de responsabilidade, transparência, previsibilidade e equidade na gestão florestal comunitária

(Gentle et al., 2007).

A gestão florestal comunitária, como forma de manter simultaneamente as terras florestadas e permitir actividades que contribuam para a subsistência das populações rurais, tem sido tentada com diferentes graus de sucesso por diferentes países há várias décadas (Lacuna-richman et al., 2016).

De um modo geral, a perceção da governação tem estado presente na civilização humana desde o momento em que as pessoas aprenderam a viver numa comunidade ou sociedade através do processo de tomada de decisões e da implementação de certas leis, regras e políticas para viverem de forma ordenada e harmoniosa num ambiente (Autores et al., 2004).

A governação é geralmente definida como o processo de tomada de decisão através do qual as decisões são implementadas ou não. A governação é um termo neutro e é considerada boa se os seus atributos estiverem em conformidade com os princípios da governação. A boa governação tem oito caraterísticas principais, segundo a UNESCAP: o Estado de direito, a participação, o consenso, a responsabilidade, a transparência, a capacidade de resposta, a eficiência e a eficácia, bem como a equidade e a inclusão (D. Lamichhane & Parajuli, 2014).

1.2 Governação

A boa governação tem a ver com a aplicação justa da autoridade e a utilização de recursos na implementação de um plano de governo coerente para os melhores interesses e prioridades da população em geral. Visa a proteção e a promoção dos direitos, do bem-estar e do bem-estar dos cidadãos através de uma governação democrática legitimada pelo Estado de direito (B. P. Lamichhane, 2021).

A boa governação é o resultado, e não um pré-requisito, de uma boa gestão florestal (Kanel & Ram, 2004).

A governação florestal é definida como o conjunto de princípios e regras segundo os quais o poder é exercido e praticado em todas as esferas, do privado ao público, na gestão dos recursos florestais e "a relação entre o Estado e os seus cidadãos, a sociedade civil e o sector privado" (Paudel & Vogel, 2007).

A governação é um termo genérico que se refere à forma como as organizações interagem com os seus principais grupos de partes interessadas a fim de atingirem os seus objectivos. A boa governação refere-se à qualidade das disposições institucionais e das interações entre as organizações públicas e as partes interessadas no processo de políticas públicas (Mukrimaa et al., 2016).

1.3 Elementos de boa governação

A boa governação tem 8 caraterísticas principais. É participativa, orientada para o consenso, responsável, transparente, reactiva, eficaz e eficiente, equitativa e inclusiva e segue o Estado de direito. Assegura que a corrupção é minimizada, que os pontos de vista das minorias são tidos em conta e que as vozes dos mais vulneráveis na sociedade são ouvidas na tomada de decisões. Além disso, responde às necessidades actuais e futuras da sociedade (Nações Unidas, n.d.).

Figura 1: Caraterísticas da boa governação

Dado que a condição de boa governação apresentada na Figura 1.1 é uma condição ideal e que é difícil alcançar tal situação, não vale a pena considerar esta condição nos CFUG nepaleses (Study et al., 2022).

Sharma e Acharya (2004) propuseram um novo quadro para a boa governação nos CFUGs do Nepal, tal como indicado na Figura 1.2. Este quadro reflecte igualmente o conceito de boa governação do PNUD (1997) e diversas ONG, como a Sociedade Civil e as Mulheres na Democracia e Governação (SAMARPAN), a Sociedade de Identificação e Gestão de Recursos (RIMS) e a Ação de Reforço da Governação na Utilização dos Recursos Naturais (SAGUN), utilizam o mesmo tipo de abordagem para trabalhar ao nível das CFUG do Nepal. De acordo com esta abordagem, dos oito (Figura 1.1) ingredientes da boa governação, apenas quatro, nomeadamente a participação, a transparência, a responsabilidade e a previsibilidade, são considerados para a análise da boa governação (Thapa et al., 2020). O papel do Estado, da sociedade civil e do sector privado é fundamental, o que pode conduzir à paz e à prosperidade, no lado positivo, e à crise e à insegurança, no lado negativo da governação. Por conseguinte, o sistema democrático é o mais importante para a boa governação em todas as organizações/instituições, como mostra a Figura 1.2.

INPUTS:
COMPETÊNCIAS ORGANIZACIONAIS, DE DIRECÇÃO E DE GESTÃO TÉCNICA

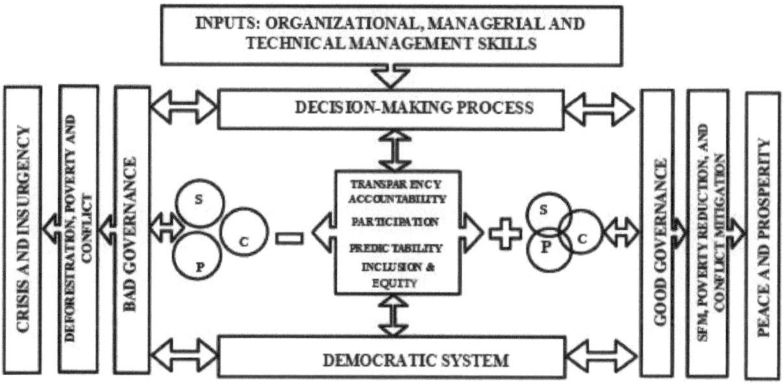

Figura 2: Quadro do programa de boa governação na gestão do FC no Nepal

1.4 Declaração do problema

O tema central do Programa de Silvicultura Comunitária é o desenvolvimento, a utilização e a gestão através dos utilizadores locais para os seus benefícios colectivos através dos seus esforços colectivos. medida que o programa de silvicultura comunitária avança com um âmbito e objectivos mais vastos, surgiram também desafios, alguns dos quais de natureza complexa, que são geralmente designados por "questões de segunda geração". As questões relacionadas com a boa governação são uma das principais "questões de segunda geração" do programa de gestão florestal comunitária do Nepal.

A silvicultura comunitária está a ser amplamente aceite como um meio de gerir a sustentabilidade das florestas e, para benefício das populações rurais, é necessário concentrar-se na boa governação florestal. Para que um UGFC tenha boa governança, os procedimentos de tomada de decisões devem ser participativos, orientados para o consenso, responsáveis, transparentes, responsivos, eficazes e eficientes, eqüitativos e inclusivos. Deve haver o cumprimento do estado de direito, a minimização da corrupção, a consideração das opiniões e vozes dos grupos pobres e marginalizados na tomada de decisões e na implementação, e a mobilização racional e sábia dos recursos.

Os estudos prévios que avaliam o estado da boa governação são manifestamente inexistentes na floresta comunitária do município de Myanglung. Apesar da grande quantidade de literatura em domínios relevantes, não foi efectuada qualquer investigação aprofundada sobre o estado da boa governação nestas florestas comunitárias. Há uma necessidade crítica de estudos neste domínio para colmatar esta lacuna de conhecimentos. Em conclusão, a realização de investigação num domínio em que não houve estudos anteriores constitui uma oportunidade especial e significativa para fazer avançar os limites do conhecimento, resolver questões práticas e deixar uma impressão duradoura no meio académico e não só. Além disso, é crucial para o desenvolvimento de conhecimentos e orientações na área da silvicultura comunitária, para a capacitação das comunidades locais, para o potencial de influenciar mudanças favoráveis, para melhorar os procedimentos de governação e para fornecer um modelo de gestão sustentável dos recursos naturais com base na comunidade nas florestas comunitárias do município de Myanglung, distrito de Tehrathum.

1.5 Objectivos

Objetivo geral

- O objetivo deste estudo é avaliar a situação da boa governação dos grupos comunitários de utilizadores das florestas no município de Myanglung, no distrito de Tehrathum.

Objetivo específico

- Identificar as principais diferenças nas estruturas de governação e nos processos de tomada de decisão entre as CFUGS.

1.6 Limitação

> A área de estudo selecionada situa-se no distrito de Mid Hill do Nepal. Por conseguinte, este estudo pode não representar as situações de outras partes do país.

CAPÍTULO 2

REVISÃO DA LITERATURA

Uma avaliação da boa governança na Silvicultura Comunitária é biológica e socialmente mais complexa do que outros tipos de avaliação para usar os princípios, as políticas, as regras e os regulamentos da boa governança na FC, seja por meio do governo, das ONGs ou do governo local ou por meio dos UGFs. Uma hipótese comum está fortemente implícita na boa governação: a interação entre as mulheres, os pobres, os dalits, os ricos e as elites aumenta a consciência geral, reduz o monopólio das elites e aumenta a participação das mulheres, dos pobres e dos dalits em todas as actividades da agricultura familiar, incluindo a partilha de benefícios. Houve algumas tentativas sobre este aspeto, mas a literatura revela um grande vazio no que diz respeito a estudos sistemáticos sobre a boa governação, particularmente a participação e a transparência na silvicultura comunitária. Neste capítulo, foi feita uma tentativa de analisar as informações disponíveis sobre esses aspectos da boa governança sob os seguintes títulos.

2.1 Conceitos de governação e de boa governação

A governação é um conceito complexo e multifacetado, difícil de definir de forma precisa. Ainda não existe uma unanimidade clara quanto ao seu significado entre eles. A governação é o processo de tomada de decisões e o processo pelo qual as decisões são implementadas (Ali, 2019).

A boa governação tem 8 caraterísticas principais. É participativa, orientada para o consenso, responsável, transparente, reactiva, eficaz e eficiente, equitativa e inclusiva e segue o Estado de direito (Nações Unidas, n.d.).

A prática da governação contribui para a criação de instituições capazes, eficientes, inclusivas, com capacidade de resposta e responsáveis, e promove um desenvolvimento humano sólido. A governação consiste numa parte dos processos de tomada de decisão ou de liderança. A governação também foi definida como referindo-se a estruturas e processos concebidos para assegurar a responsabilização, a transparência, a capacidade de resposta, o Estado de direito, a estabilidade, a equidade e a inclusão, a capacitação e a participação alargada (Chaudhary, 2020).

O Programa das Nações Unidas para o Desenvolvimento (PNUD) define a boa governação como um processo que incentiva "os incentivos ao pessoal, a formação dos funcionários públicos, a descentralização administrativa e fiscal e o diálogo entre os governos e a sociedade civil" (Ali, 2019).

2.2 Participação

A participação inclusiva requer a plena participação de todos os membros da comunidade na tomada de decisões e nas actividades no âmbito do FC. A falta de participação da comunidade aumenta a ilegalidade exploração madeireira, a desflorestação e a desvinculação dos membros da comunidade das actividades do FC (Piabuo et al., 2018).

A boa governação incentiva a participação ativa dos cidadãos, das partes interessadas e da sociedade civil nos processos de tomada de decisão. A participação inclusiva garante que uma gama diversificada de vozes seja ouvida e considerada na elaboração de políticas (Dahal & Chapagain, 2008).

2.3 Transparência

Transparência significa que as decisões tomadas e a sua aplicação são efectuadas em conformidade com as regras e os regulamentos. Significa também que a informação está livremente disponível e diretamente acessível àqueles que serão afectados por essas decisões e pela sua aplicação. Significa também que é fornecida informação suficiente e que esta é fornecida em formas e meios de comunicação facilmente compreensíveis (Nações Unidas, n.d.).

2.4 Responsivo

2.5 Estado de direito

O Estado de direito significa que as leis são aplicadas de forma coerente e justa a todos os indivíduos e instituições. Garante que a justiça é administrada de forma imparcial e que os direitos legais e o processo equitativo são respeitados.

2.6 Orientado para o consenso

2.7 Equitativo e inclusivo

A equidade é fundamental para o sucesso da silvicultura comunitária. A boa governação promove a justiça e a inclusão, assegurando que os benefícios e os encargos das políticas e decisões são distribuídos de forma justa entre todos os segmentos da sociedade, incluindo os grupos marginalizados.

2.8 Eficaz e eficiente

A governação deve ser eficiente, o que significa que os recursos são utilizados de forma sensata e sem desperdícios. A eficácia refere-se à capacidade das instituições para atingirem as metas e os objectivos pretendidos (Emerson, 2022).

2.9 Responsabilidade

A responsabilidade que emana da forma democrática de governação tem duas vertentes: dá o direito de prestar contas e de prestar contas aos outros (Piabuo et al., 2018).

2.10 Governação florestal e conceito global

A questão principal desta edição especial sobre Política e Economia Florestal é se, como e em que medida os processos de governação florestal podem ser melhor compreendidos através da análise do discurso e da interface ciência-política (Arts & Buizer, 2009).

A governação florestal, as instituições e a melhor forma de gerir as florestas têm sido temas de discussão desde que a sociedade começou a compreender que as práticas de gestão têm um impacto nas florestas. Desde que o conceito de gestão florestal científica surgiu na Europa, no século XIX, a governação florestal tem dependido da qualidade da informação, da gestão do conhecimento e da capacidade de processar a informação (Castren & Pillai, 2011).

A Comissão Económica e Social das Nações Unidas para a Ásia e o Pacífico (UNESCAP) definiu "governação" como o processo de tomada de decisões e o processo através do qual as decisões são implementadas (Nik Mahmod, 2013). Na perspetiva global, Michael Arnold (2001), um autor bem conhecido no domínio da silvicultura comunitária (FC), salienta a necessidade de a governação florestal se tornar mais inclusiva e favorável aos pobres, a fim de garantir os direitos das pessoas pobres aos seus meios de subsistência. Segundo ele, a silvicultura deve ser autorizada a contribuir para a redução da pobreza. Da mesma forma, David Kaimowitz, Chefe do Centro de Investigação Florestal Internacional (CIFOR), no XII Congresso Florestal Mundial (2003), salientou que, apesar do enorme contributo do sector florestal para os meios de subsistência das populações rurais, este não atraiu a atenção dos políticos que são os decisores e os responsáveis pela elaboração das políticas a nível nacional e internacional. A pobreza e a intensificação dos conflitos são os principais desafios do mundo contemporâneo. Atualmente, os objectivos da silvicultura devem ser contribuir para a redução da pobreza e a instauração da paz. Só uma governação florestal democrática e inclusiva pode cumprir essa missão. Como parte da comunidade global, o Nepal tem de captar estas perspectivas em todos os contextos de desenvolvimento, incluindo a silvicultura comunitária. As várias organizações recomendam os diferentes elementos e critérios para a governação (quadro 1).

Quadro 1: Conceito de boa governação

Organizações	Elementos
ICIMOD	Visão/missão, participação, transparência, responsabilidade, eficiência, eficácia, empenhamento, equidade/ igualdade, capacidade de resposta
USAID e ADB (Sharma e Acharya, 2004)	Transparência, responsabilidade, participação e previsibilidade
PNUD	Participação, Estado de direito, transparência, capacidade de resposta, orientação para o consenso, equidade, eficácia, eficiência, responsabilidade e visão estratégica
UNESCAP	Participação, consenso, responsabilidade, transparência, capacidade de resposta, eficácia e eficiência, equidade e inclusão e Estado de direito
Conselho dos Direitos	transparência, prestação de contas, responsabilidade, participação e

do Homem	capacidade de resposta

(Fonte: ICIMOD, 2005; Sharma & Acharya, 2004; UNESCAP, 2004; The Asian Alliance for Good Forest Governance, 2002; PNUD, 1998).

2.11 Governação florestal e conceito do Nepal

A silvicultura comunitária é o principal programa prioritário do Plano Diretor do Setor Florestal (MPFS) do Nepal (1989-2010) e recebe 35% do seu orçamento total. Orientada pelo MPFS, a silvicultura comunitária foi bem reconhecida pela Lei das Florestas de 1993, pelo Regulamento de 1995 e pelas Diretrizes Operacionais (1995 e 2002). Todos eles consideraram os CFUGs como uma instituição local independente para gerir as florestas comunitárias numa base equitativa e sustentável. Também garantiram os direitos de tomada de decisões dos utilizadores da floresta sobre a gestão dos recursos florestais, de modo a manter a saúde da floresta e a que as pessoas locais obtenham benefícios da mesma. O quadro jurídico e as diretrizes privilegiaram o processo democrático de tomada de decisões, especialmente através da capacitação das mulheres e dos pobres (Taylor et al., 2013). Estas flexibilidades legais fizeram do FC um dos programas mais bem sucedidos do Governo do Nepal (Adhikari, 2002).

No Nepal, o Décimo Plano (2002-2007) e o Documento de Estratégia para a Redução da Pobreza (DERP, 2002) consideraram a "boa governação" como um dos quatro pilares estratégicos dos objectivos de desenvolvimento. Na sequência da aprovação do Plano Diretor do Setor Florestal (MPFS, 1989) e da promulgação da Lei sobre as Florestas (1993), a questão da governação tornou-se um tema importante no sector florestal, uma vez que proporciona uma base política e jurídica para a descentralização e partilha do poder do Estado com as comunidades rurais dependentes da floresta. Entre muitos outros fatores, a mudança do papel do pessoal de silvicultura, de policiamento para aconselhamento, resultou no surgimento de milhares de Grupos Comunitários de Usuários de Silvicultura (GUCF) e organizações da sociedade civil. Nas últimas três décadas, a devolução e a partilha do poder, das funções, das responsabilidades e da autoridade entre os actores provocaram muitas mudanças. Da mesma forma, tensões, contradições, resistência e reinterpretação também surgiram dentro e fora das organizações em vários níveis. Muitas novas questões de governação surgiram, reapareceram, foram abordadas e não foram abordadas. No entanto, devido à sua natureza dinâmica, a silvicultura comunitária está a avançar com novas oportunidades. São encontrados muitos desafios. Estão a ser elaboradas novas inovações e estratégias, que têm alimentado a silvicultura comunitária para avançar (Sozial et al., 2011).

No Nepal, o sector florestal estabeleceu uma abordagem inovadora em matéria de governação através do seu programa nacional de FC. Esta abordagem implica a descentralização total da autoridade de gestão florestal para os cidadãos locais que dependem dos recursos florestais (Banjade e Ojha, 2005). O subsector do FC tornou-se um campo de aprendizagem para a reforma da governação em termos de tomada de decisões participativa, processo de planeamento ascendente, sensibilidade ao género e à equidade, parceria entre agências governamentais, não governamentais e do sector privado.

CAPÍTULO 3

METODOLOGIA

3.1 Seleção da área de estudo

Este estudo foi efectuado no município de Myanglung, no distrito de Tehrathum, que se situa na província de Koshi, anteriormente uma parte da zona de Koshi do Nepal. Trata-se de um distrito socio-economicamente diversificado. Tehrathum é conhecido pela sua beleza natural e pelo seu rico património cultural. O distrito está situado nos Himalaias e alberga vários picos, incluindo o Monte Makalu, que é a quinta montanha mais alta do mundo. O distrito também alberga várias áreas protegidas, incluindo o Parque Nacional Makalu-Barun, que alberga uma variedade de vida selvagem, incluindo o panda vermelho.

O distrito representa a típica região de média montanha do Nepal em termos de gestão florestal comunitária e de contexto socioeconómico da população rural de média montanha. Uma vez que o distrito de Tehrathum possui uma grande variedade de elevações, desde 1200 metros a 2800 metros, é constituído por diferentes tipos de floresta, ou seja, floresta tropical a subtemperada. A floresta de Uttis detém a maior área e também detém a floresta de pinheiros.

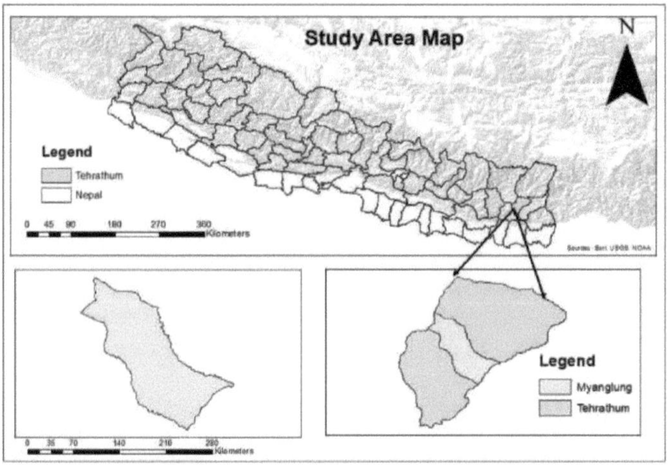

Figura 3: mapa da área de estudo do distrito de Tehrathum com o município de Myanglung

3.2 Descrição geral: Myanglung

Tehrathum situa-se a 27°08'25.80" de latitude e 87°32'84.35" de longitude. A fronteira de Tehrathum está ligada a 4 distritos do Nepal. A leste estão Panchthar, a oeste Dhankuta, a norte Taplejung e Sankhuwasabha e a sul Panchthar e Dhankuta. Myanglung é a sede deste distrito.

3.2.1 Situação socioeconómica

De acordo com o recenseamento de 2021, a população total do município é de 18 750 habitantes. Existem diferentes castas étnicas (grupos) em Myanglung. A maioria é Limbu (32,5%), seguida por Brahman/Chhetri (22%), Tamang (8,3%), Newar (6,1%), Magar (1,1%),

Rai (1,6%), Gurung (2,9%), Sherpa (1,7%), Gharti/Bhujel (0,8%), Musalman (0,1%), Hajjam/Thakur (0,1%) e 0,3% outros, respetivamente. A taxa de alfabetização é de 79,3%. A principal atividade profissional é a agricultura.

3.2.2 Condição biofísica

1. Tipo de floresta

A área total coberta por floresta em Myanglung é de 55,8 km2. A variação altitudinal do distrito varia entre os 1200 m mais baixos e os 2400 m mais altos. Devido à variação altitudinal e climática, a floresta pode ser classificada nos seguintes tipos

Tropical, Sub-Tropical, Temperado

2. Fauna

A flora e a fauna selvagens são numerosas e adequadas. Encontram-se diferentes tipos de espécies, ou seja, aves e mamíferos. Encontram-se espécies como o veado, o faisão, o pangolim, etc.

3. PFNL

As principais espécies de PFNM do distrito são Satuwa, Panchaule, Chiraito, Amala, Timur, Jhyu, Panchaule, Lokta, Dalchini, Majitho, Dhasingre, Gurans, Allo, Lauth salla, Sugandhawal, etc. (DFO Tehrathum, 2020).

3.3 Grupos de utilizadores florestais comunitários selecionados

Cinco CFUGs: Ranipokhari murti CFUG, Sathi mure CFUG, Kholi ramite CFUG, Sano sabla CFUG e Daskate CFUG no distrito foram selecionados com base nos seguintes critérios. A seleção foi feita em consulta com o pessoal do DFO, FECOFUN Tehrathum. Ao selecionar os grupos, foram considerados os seguintes pontos

- FC cujo PO e constituição foram elaborados recentemente, no prazo de cinco anos
- Localizados na mesma área geográfica.
- Acessível

3.3.1 Ranipokhari Murti CFUG

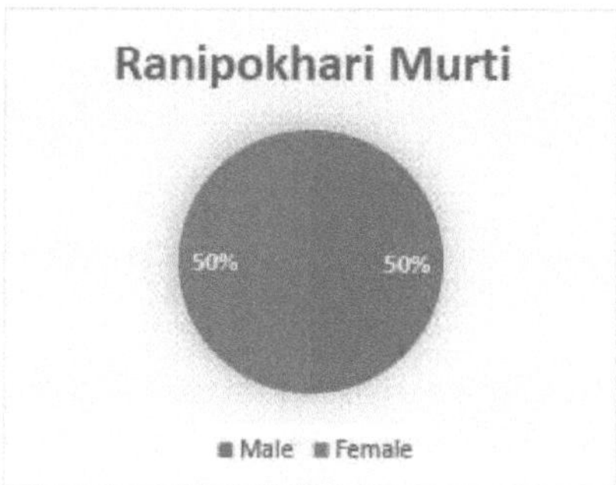

Figura 4: Situação da composição por género em Ranipokhari murti

Este CFUG está situado no distrito nº 9 do município de Myanglung. Tem uma área de 6,04 ha de floresta e foi entregue em 2052 B.S. como CFUG. O grupo de utilizadores da floresta é constituído por 78 agregados familiares. A espécie florestal dominante é o Uttis (*Alnus nepalnesis*). Outras espécies são Katus (*Castenopsis hystrix*), Chilaune *(Schima wallichi),* Guras (*Rhododendron* spps.), etc. A floresta está dividida em dois blocos. (CFUG constitution & op, 2077).

3.3.2 CFUG de Sathi Mure

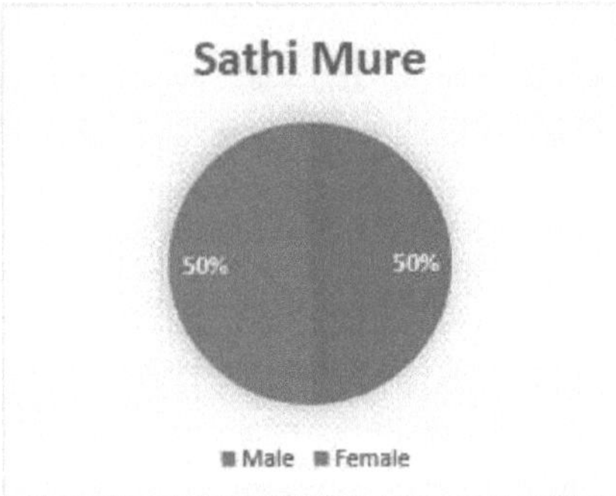

Figura 5: Situação da composição por género no CFUG de Sathi mure

Este CFUG está situado no distrito nº 9 do município de Myanglung. Tem uma área de 29,17 ha de floresta e foi entregue em 2052 B.S. como CFUG. O grupo de utilizadores da floresta é constituído por 48 agregados familiares. A espécie florestal dominante é o Uttis (*Alnus nepalnesis*). Outras espécies são Saaj (*Terminalia alata*), Katus (*Castenopsis hystrix*), Simal (*Bombax cebia),* Chilaune *(Schima wallichi),* Guras (*Rhododendron* spps.), etc. A floresta está dividida em quatro blocos. (CFUG constitution & op, 2077).

3.3.3 Kholi Ramite CFUG

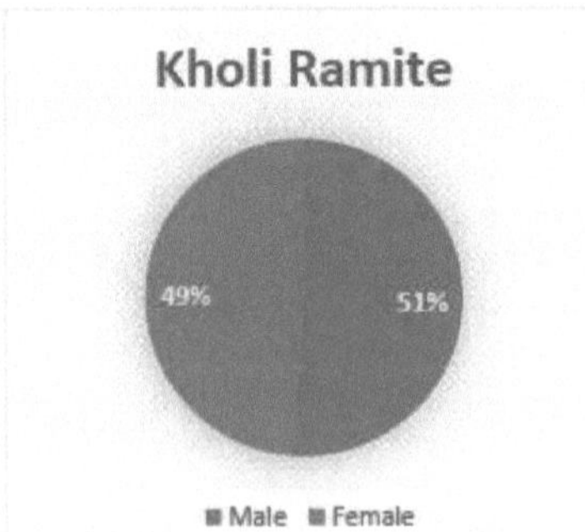

Figura 6: Situação da composição por género no Kholi ramite CFUG

Este CFUG está situado no distrito n.º 9 do município de Myanglung. Tem uma área de 29,17 ha de floresta e foi entregue em 2052 B.S. como CFUG. O grupo de utilizadores da floresta é constituído por 54 agregados familiares. As espécies florestais dominantes são o Uttis (*Alnus nepalnesis*) e o Katus (*Castenopsis hystrix*). Outras são Simal (*Bombax cebia),* Chilaune *(Schima wallichi),* Sal *(Shorea robusta),* Botdhaiyanro (*Lagerstromia parviflora*), etc. A floresta está dividida em cinco blocos. (CFUG constitution & op, 2077).

3.3.4 CFUG de Sano Sabla

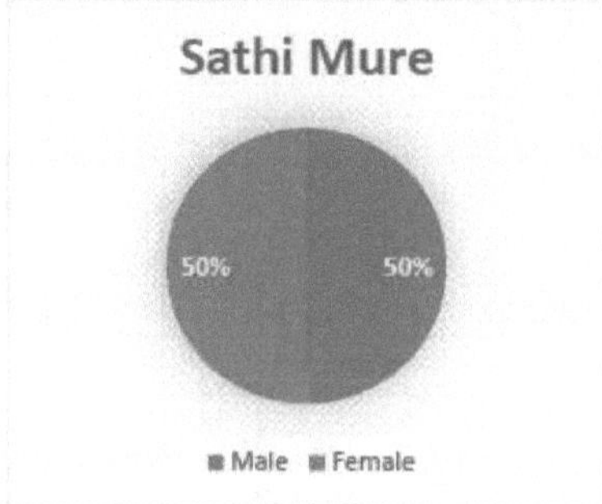

Figura 7: Situação da composição por género no CFUG de Sano sabla

Este CFUG está situado no distrito n.º 9 do município de Myanglung. Tem uma área de 22,97 ha de floresta e foi entregue em 2052 B.S. como CFUG. O grupo de utilizadores da floresta é constituído por 55 agregados familiares. As espécies florestais dominantes são o Uttis (*Alnus nepalnesis*) e o Katus (*Castenopsis hystrix*). Outras espécies são o Sal *(Shorea robusta),* o Chilaune *(Schima wallichi),* etc. A floresta está dividida em três blocos. (CFUG constitution & op, 2077).

3.3.5 Daskate CFUG

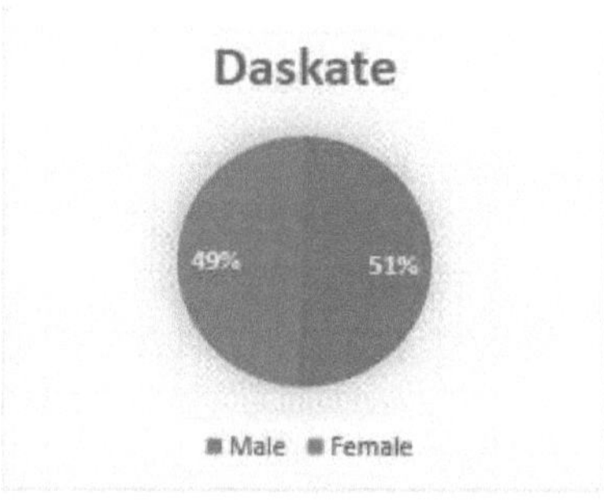

Figura 8: Situação da composição por género no Daskate CFUG

Este CFUG está situado no distrito nº 9 do município de Myanglung. Tem uma área de 4,88 ha de floresta e foi entregue em 2051 B.S. como CFUG. O grupo de utilizadores da floresta é constituído por 129 agregados familiares. As espécies florestais dominantes são o Uttis (*Alnus nepalnesis*) e o Katus (*Castenopsis hystrix*). Outras são o Sal *(Shorea robusta),* o Chilaune *(Schima wallichi),* as Guras (*Rhododendron* spps.), etc. A floresta está dividida em dois blocos. (CFUG constitution & op, 2077).

Table 2: Dados do CFUG selecionado

Caraterísticas	CFUG			CFUG		
Endereço	Ranipokhari Murti			Sathi Mure		
Total de HH	78			48		
Estrutura da CE	Masculino	Feminino	Total	Masculino	Feminino	Total
	6	3	9	5	4	9
Área florestal (ha)	6.04			29.17		
Área média de floresta por HH (ha/HH)	0.77			0.608		
Classificação da riqueza	Rico	16		Rico	5	
	Médio	14		Médio	8	
	Pobres	15		Pobres	8	
	Muito pobre	33		Muito pobre	27	
Estado da floresta	Bom			Médio		
Edifício de escritórios	Próprio			Não		
Data da transferência	2052/04/07			2052/03/06		
Caraterísticas	**CFUG**			**CFUG**		
Endereço	Kholi Ramite			Sano sablaa		
Total de HH	54			55		
Estrutura da CE	Masculino	Feminino	Total	Masculino	Feminino	Total
	5	4	9	5	4	9
Área florestal (ha)	18.79			22.97		
Área média de floresta por HH (ha/HH)	0.347			0.418		
Classificação da riqueza	Rico			Rico	6	
	Médio	4		Médio	14	
	Pobres	10		Pobres	25	
	Muito pobre	44		Muito pobre	10	
Estado da floresta	Médio			Bom		
Edifício de escritórios	Não			Não		
Data da transferência	2052/02/16			2052/10/07		
Caraterísticas	**CFUG**					
Endereço	Daskate					
Total de HH	129					

Estrutura da CE	Masculino	Feminino	Total
	6	5	11
Área florestal (ha)	4.88		
Área média de floresta por HH (ha/HH)	0.038		
Classificação da riqueza	Rico		12
	Médio		17
	Pobres		32
	Muito pobre		68
Estado da floresta	Bom		
Edifício de escritórios	Não		
Data da transferência	2049/10/17		

Fonte: DFO Tehrathum, PO e constituição dos CFUGs

3.4 Seleção de Critérios e Indicadores (C&I)

Diferentes organizações estão a utilizar vários C&I para a avaliação da governação e várias literaturas sugerem os indicadores que devem ser utilizados para a avaliação da governação. Por conseguinte, procedeu-se à revisão de um grande número de obras literárias, os vários C&I sugeridos por diferentes organizações foram reformulados, fundidos, reagrupados e, finalmente, foi selecionado um método para o tornar aplicável no contexto da avaliação da governação dos CFUGs selecionados. A partir deste método, todos os critérios foram avaliados em função dos objectivos desta investigação. Sugere-se um total de 8 critérios e 27 indicadores para avaliar a governação. Os pormenores dos C & I utilizados para a avaliação do estado da governação são apresentados nos Apêndices I & II.

3.5 Conceção da amostragem

Os critérios utilizados para a seleção dos CFUGs como locais de estudo foram os seguintes Composição da comunidade em termos de classe económica e sexo e idade dos CFUGs (renovação do PO no período de cinco anos até à data). Na primeira fase, foi recolhida a base de dados preparada pelo DFO Tehrathum para os CF entregues. Os CFUGs que tinham renovado o PO há menos de cinco anos foram selecionados a partir dos registos existentes do DFO. O agregado familiar foi considerado como a unidade mais baixa da amostragem. A classificação do bem-estar foi feita para dividir os inquiridos em quatro classes económicas, nomeadamente Ka (rico), Kha (médio), Ga (pobre) e Gha (muito pobre). Devido ao maior número de agregados familiares e para obter melhores resultados, foram selecionados para o inquérito por questionário 10% do total de agregados familiares da área de estudo.

Dos CFUGs selecionados, 16 inquiridos de Ranipokhari Murti, 10 inquiridos de Sathi Mure, 12 inquiridos de Sano sablaa, 12 inquiridos de Kholi ramite e 26 inquiridos de Daskate foram selecionados para o inquérito aos agregados familiares. A distribuição dos inquiridos no CFUG por sexo e classe económica é apresentada no **quadro** seguinte: **3**.

Table 3: Informações sobre HH

Nome dos CFUGs	Total de famílias	N.º de famílias inquiridas	Sexo		Classe económica (HH)			
			Masculino	Feminino	Ka	Kha	Ga	Gha
Ranipokhari Murti	78	8	8	8	2	1	2	3
Sathi mure	48	5	5	5		1	3	1
Kholi ramite	54	6	6	6	1	3		2
Sano sablaa	55	6	6	6	2	1	2	1
Daskate	129	13	13	13	2	2	4	5

3.6 Recolha de dados primários

A abordagem do estudo foi participativa, o que envolveu todas as partes interessadas no processo através da utilização de ferramentas participativas adequadas ao contexto, combinando métodos de inquérito convencionais, como o inquérito às famílias. Uma vez que não existe uma abordagem única absolutamente correta para a investigação em ciências sociais, foi utilizada para este estudo uma abordagem de investigação multimétodo. O método de inquérito apreciativo foi utilizado porque incentiva os membros do CFUG a exprimirem as suas realidades, mesmo perante um investigador que não pertence à sua comunidade. Para o estudo, foram adoptadas concepções de investigação exploratórias e descritivas. O estudo consistiu em informações primárias e secundárias. Os dados primários, que constituíram a maior parte dos dados totais utilizados para o estudo, foram recolhidos a partir de inquéritos aos agregados familiares, observações pessoais, entrevistas a informadores-chave, debates em grupos de discussão e debates com organizações facilitadoras.

3.6.1 Elaboração de perguntas e listas de controlo

Uma vez que os dados necessários para medir os diferentes indicadores exigiam métodos diferentes, os indicadores foram agrupados de acordo com o método necessário para a recolha de dados. A recolha de dados utilizando métodos diferentes dos especificados anteriormente foi também efectuada para efeitos de triangulação. Para o inquérito aos agregados familiares, foram preparadas perguntas e, para outros métodos de recolha de dados primários, foram preparadas listas de controlo separadas. O primeiro projeto de perguntas e listas de verificação foi discutido com colegas e conselheiros e foi alterado.

3.6.2 Inquérito de reconhecimento no terreno

Para o efeito, foi efectuada uma visita inicial ao terreno. O principal objetivo desta visita era conhecer melhor a área de estudo, nomeadamente a situação geográfica e a estrutura social. Ajudou a identificar as condições socioeconómicas e biofísicas dos FUG. O inquérito de reconhecimento no terreno foi efectuado através de entrevistas a informadores-chave e de observação direta. Durante a visita, foram obtidas informações gerais sobre os locais de estudo. Foram igualmente recolhidos documentos do FUG (PO, estatutos e actas de reuniões) para análise. Esta visita ajudou a estabelecer relações com os aldeões. Foram identificados grupos-alvo para a recolha de dados.

3.6.3 Inquérito às famílias

Foi utilizado um questionário para obter informações dos inquiridos. Em geral, dois membros superiores de cada agregado familiar (um homem e uma mulher), que tomam decisões em nome da família, foram considerados elegíveis como inquiridos, mas, na ausência de membros superiores, os adultos instruídos também foram considerados inquiridos elegíveis. As perguntas constantes do Apêndice III foram colocadas a uma pessoa de cada agregado familiar incluído na amostra.

3.6.4 Discussão em grupo

Discussões com os grupos: Foram organizados CFUCs, pobres e mulheres em cada CFUG para responder a várias questões de investigação e também para ajudar a verificar a fiabilidade das respostas obtidas através de outros métodos. A discussão facilitadora com o lançamento de perguntas abertas permitiu que os membros dos grupos explicassem as questões em pormenor. Foram capitalizadas várias oportunidades de obter novas ideias e surpresas sobre informação, perceção, processamento e utilização, bem como sobre outros processos sociais, através de discussões de grupo semi-estruturadas. As discussões de grupos de foco foram conduzidas em cada CFUG, reunindo 7-10 pessoas para se envolverem numa discussão orientada. Nos grupos de discussão com os membros do CFUC, participaram tanto os membros actuais como os antigos membros do comité e, simultaneamente, foram analisados os documentos dos CFUGs. A lista de controlo utilizada para a obtenção de informações a partir dos documentos do CFUG e para o debate com os membros do CFUC é apresentada no Anexo IV. A lista de controlo utilizada para a discussão em grupo com as mulheres e os pobres é apresentada nos Apêndices V e VI.

3.6.5 Discussão com a Organização de Facilitação

Foram realizadas discussões com o oficial, o guarda-florestal e outros funcionários facilitadores do respetivo DFO sobre o funcionamento dos CFUGs selecionados. A FECOFUN está a apoiar a organização do distrito de Tehrathum para uma boa governação. Também foram realizadas discussões com o pessoal da FECOFUN Nepal sobre o apoio prestado e o funcionamento dos CFUGs. A lista de controlo utilizada para a discussão é apresentada no Anexo VII.

3.6.6 Observação pessoal

Ao longo do período de investigação, foram registados os conhecimentos e as observações de cada um dos CFUGs. Foram tomadas notas durante todos os tipos de reuniões e durante as visitas a pé a cada um dos CF e toles. As observações tornaram-se a principal fonte de informação em algumas questões e foram utilizadas na triangulação da informação noutras, para garantir que a informação recolhida de outras fontes é fiável.

3.7 Recolha de dados secundários

Para a recolha de dados secundários, foram utilizadas as seguintes fontes

- ♦ Registos de grupos de utilizadores florestais, actas e documentos relevantes.
- ♦ Plano operacional e constituição dos CFUGs
- ♦ DFO Tehrathum.
- ♦ FECOFUN Tehrathum
- ♦ Literatura publicada e não publicada, revistas de bibliotecas, notas de conferências e sítios Web

3.8 Análise de dados

3.8.1 Processamento de dados

Foram aplicados métodos de análise qualitativa e quantitativa para analisar os dados desta investigação. A informação no terreno foi cuidadosamente registada em diários e formulários estruturados. Após cada entrevista e discussão em grupo, os principais pontos levantados relacionados com as questões de investigação foram registados como pontos e a elaboração desses pontos foi feita todas as noites. Essas entrevistas e discussões de grupo foram posteriormente compiladas e categorizadas em cada uma das perguntas. A compilação, a categorização e a tabulação foram os passos básicos dados antes da análise dos dados recolhidos nas entrevistas individuais, nas observações pessoais e nas discussões em grupo. A informação recebida através de diferentes métodos foi compilada e tabulada em conformidade e analisada de acordo com a natureza da informação e o contexto da sua representação.

Cada entrevista e discussão de grupo foi digerida sob a forma de códigos digitais utilizando o programa Microsoft Excel. Com a codificação, o processamento e a descodificação das respostas, as formas qualitativas tornaram-se mais objectivas. A natureza qualitativa e quantitativa da análise da informação, em conjunto, deu origem a números totais, valores médios, percentagens, etc., que foram apresentados sob a forma de tabelas, figuras e textos, de acordo com a natureza dos tópicos em discussão.

3.8.2 Pontuação de C&I

> Dos 27 indicadores identificados, 4 eram relativos à participação, 4 à transparência, 3 à capacidade de resposta, 3 ao Estado de direito, 3 à orientação para o consenso, 3 à inclusão e

equidade, 3 à eficiência e eficácia e 4 à responsabilização.

> As respostas ao inquérito aos agregados familiares, à discussão em grupo de discussão e à informação secundária foram classificadas numa escala de 1 a 5, conforme indicado abaixo:

> "1" significa Muito mau, "2" significa Mau, "3" significa Razoável, "4" significa Bom e "5" significa Muito bom

CAPÍTULO 4

RESULTADOS E DISCUSSÃO

Esta secção resume os dados socioeconómicos do local de investigação e o nível de todas as componentes da boa governação com a ajuda de tabelas e diagramas de barras. As conclusões baseiam-se na análise dos dados recolhidos de fontes primárias e secundárias e dependem mais das respostas dos utilizadores às perguntas concebidas para as diferentes componentes da boa governação.

4.1 Análise de dados sociais

O estatuto socioeconómico, como as caraterísticas demográficas, a ocupação das comunidades, o nível de educação e a suficiência alimentar, etc., têm relações diretas e indirectas no processo de envolvimento e participação das pessoas da comunidade na gestão dos assuntos públicos. Estes atributos socioeconómicos desempenham um papel importante no processo de planeamento ascendente.

4.1.1 Classificação da riqueza

Nos cinco CFUGs, os utilizadores são categorizados em quatro grupos, nomeadamente Ka(V), kha(^), Ga(∏) e Gha(V), utilizando os seguintes critérios

Ka: Alimentos suficientes para todo o ano

Kha: Alimentos suficientes para os seis meses

Ga: Alimentos suficientes para os três meses

Gha: Dependente do salário diário

Quadro 4: Classificação do património de todos os CFUG

Classificação	Ranipokhari murthi	Sathi mure	Kholi ramite	Sano sablaa	Daskate
Ka	16	5	12	6	12
Kha	14	8	4	14	17
Ga	15	8	10	25	32
Gha	33	27	32	10	68

4.1.2 Estatuto de género dos inquiridos

No que diz respeito ao género, o estatuto dos inquiridos foi considerado em 50-50%.

4.1.3 Composição do elenco

Se virmos a composição de castas, o rácio de Janajati é superior ao dos outros inquiridos em geral.

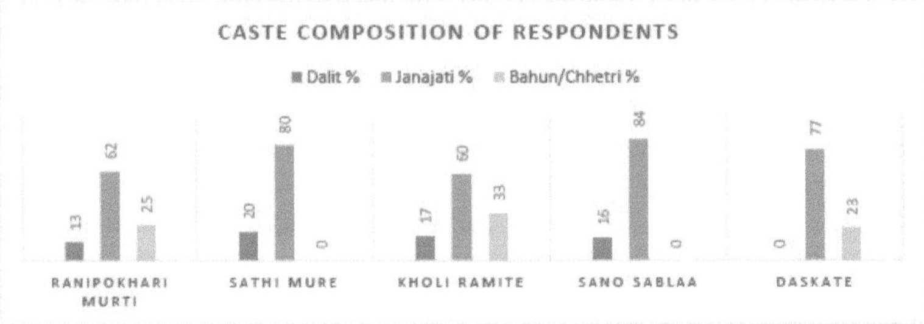

Figura 9: Estatuto do inquirido Composição da casta

4.1.4 Estatuto académico

O estatuto educacional da comunidade foi classificado em analfabeto, ensino primário, ensino secundário e ensino superior. A situação dos inquiridos foi a seguinte

GRAU DE INSTRUÇÃO DOS INQUIRIDOS

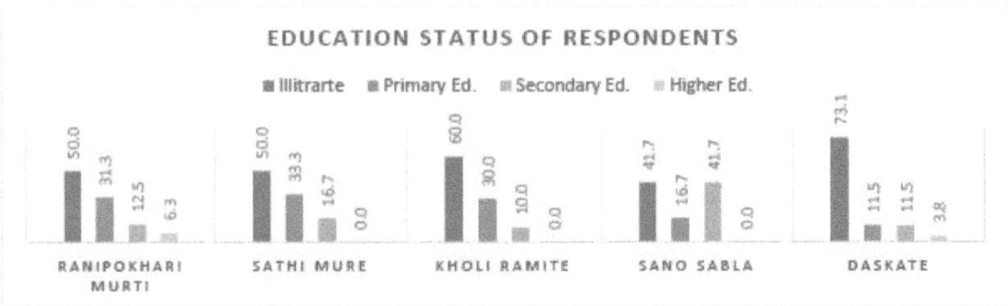

Figura 10: Nível de instrução do inquirido

4.1.5 Situação profissional dos CFUGS

A situação ocupacional da comunidade foi categorizada em Agricultura, Emprego, Negócios e Salário diário e a situação dos agregados familiares incluídos na amostra foi a seguinte.

SITUAÇÃO PROFISSIONAL DOS INQUIRIDOS

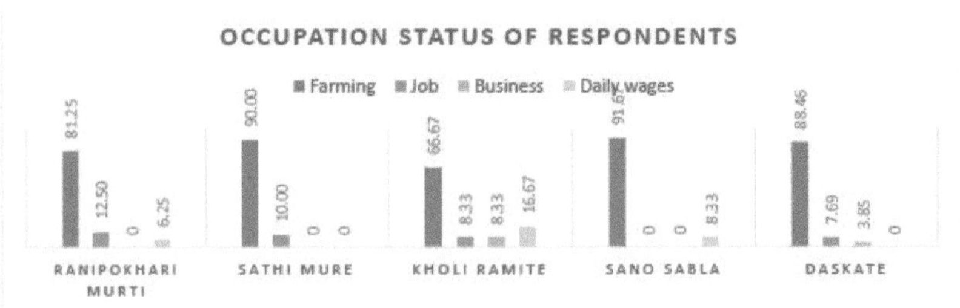

Figura 11: Estatuto do inquirido Profissão

4.2 Resultado da análise e avaliação dos dados

Situação da governação no Ranipokhari murti CFUG

A análise da situação dos elementos de governação (Anexo III) do CFUG de Ranipokhari Murti indica que a participação, a transparência, a orientação para o consenso, a eficácia e a eficiência, o Estado de Direito, a capacidade de resposta e a responsabilidade estão em boas condições e a inclusão e a equidade estão todas em boas condições (Anexo VIII).

Quadro 5: Resultado analisado do Ranipokhari murti CFUG

Critérios	Pontuação obtida %	Estado
Participação	75.63	Bom
Transparência	70.63	Bom
Responsabilidade	75.31	Bom
Estado de direito	75.83	Bom
Responsivo	73.65	Bom
Orientado para o consenso	78.33	Bom
Eficiente e eficaz	78.33	Bom
Inclusão e equidade	69.38	Médio

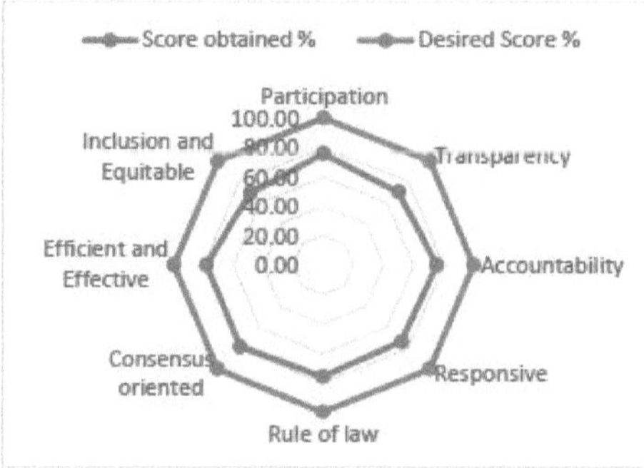

Figura 12: Teia de aranha de Ranipokhari murti

Situação da governação no Kholi ramite CFUG

A análise do estado dos elementos de governação (Anexo III) do Kholi ramite CFUG indica que a participação, a transparência, a eficácia e a eficiência e a responsabilidade estão em boas condições, enquanto o Estado de Direito, a capacidade de resposta, a orientação para o consenso, a inclusão e a equidade estão em condições médias (Anexo VIII).

Quadro 6: Resultado analisado do Kholi ramite CFUG

Critérios	Pontuação obtida %	Estado
Participação	65.83	Bom

Critérios	Pontuação obtida %	Estado
Transparência	65.42	Bom
Responsabilidade	65.42	Bom
Estado de direito	61.25	Médio
Responsivo	64.58	Médio
Orientado para o consenso	62.92	Médio
Eficiente e eficaz	66.81	Bom
Inclusão e equidade	64.58	Médio

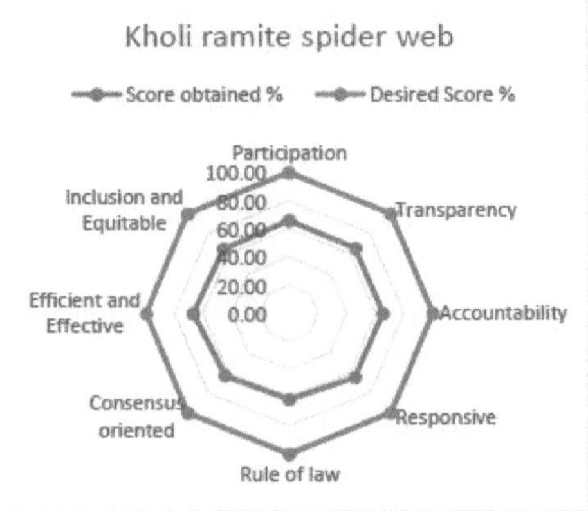

Figura 13: Teia de aranha de Kholi ramite

Situação da governação no CFUG de Sathi mure

A análise do estado dos elementos de governação do Sathi mure CFUG (Anexo III) indica que a participação, a transparência, a capacidade de resposta, a orientação para o consenso, a eficácia e a eficiência, o Estado de Direito, a responsabilidade, a inclusão e a equidade e o Estado de Direito estão em boas condições (Anexo VIII).

Quadro 7: Resultado analisado do CFUG de Sathi mure

Critérios	Pontuação obtida %	Estado
Participação	57.5	Médio
Transparência	68	Bom
Responsabilidade	59	Médio
Responsivo	52.5	Médio
Estado de direito	56	Médio

Critérios	Pontuação obtida %	Estado
Orientado para o consenso	53.5	Médio
Eficiente e eficaz	63.5	Médio
Inclusão e equidade	57.5	Médio

Figura 14: Teia de aranha de Sathi mure

Estado da governação no CFUG de Sano sabla

A análise do estado dos elementos de governação do (Anexo III) Sano sabla CFUG indica que a responsabilização está em boas condições, enquanto a participação, a transparência, a capacidade de resposta, a eficácia e eficiência, a orientação para o consenso, o Estado de Direito, a inclusão e a equidade e o Estado de Direito estão em condições médias (Anexo VIII).

Quadro 8: Resultado analisado do CFUG de Sano sabla

Critérios	Pontuação obtida %	Estado
Participação	62.92	Médio
Transparência	62.92	Médio
Responsabilidade	67.92	Bom
Responsivo	62.92	Médio
Estado de direito	57.08	Médio
Orientado para o consenso	54.17	Médio

Critérios	Pontuação obtida %	Estado
Eficiente e eficaz	62.92	Médio
Inclusão e equidade	52.92	Médio

Figura 15: Teia de aranha de Sano sabla

Situação da governação no Daskate murti CFUG

A análise do estado dos elementos de governação (Anexo III) do Daskate CFUG indica que a participação, a transparência, a capacidade de resposta e de inclusão e a equidade, a eficácia e a eficiência, o Estado de direito, a responsabilização e o Estado de direito se encontram em condições médias, enquanto a orientação para o consenso se encontra em condições medíocres (Anexo VIII).

Quadro 9: Resultado analisado do Daskate CFUG

Critérios	Pontuação obtida %	Estado
Participação	64.62	Médio
Transparência	64.62	Médio
Responsabilidade	63.27	Médio
Responsivo	64.62	Médio
Estado de direito	50.19	Médio
Orientado para o consenso	49.62	Pobres
Eficiente e eficaz	50.19	Médio
Inclusão e equidade	64.62	Médio

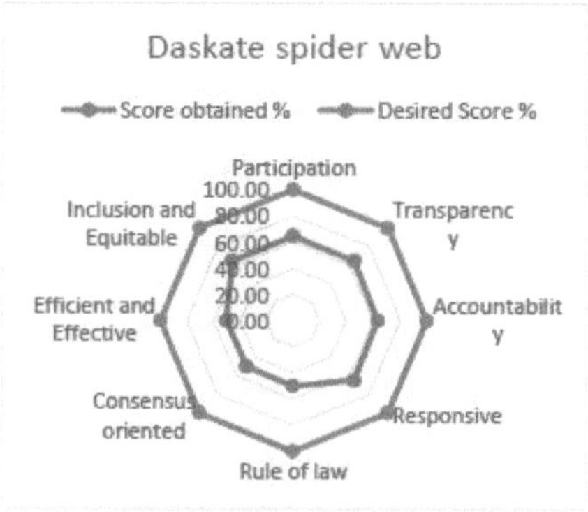

Figura 16: Teia de aranha de Daskate

4.3 Nível geral de boa governação dos CFUGs

Comparando o gráfico acima, pode inferir-se que todos os critérios de boa governação são mais elevados no Ratpokhari murti CFUG, ao passo que a orientação para o consenso, a eficiência e a eficácia e o Estado de direito são os mais baixos no Daskate CFUG, a participação e a responsabilização são os mais baixos no Sathi mure CFUG e a transparência, a capacidade de resposta, a inclusão e a equidade são os mais baixos no Sano sabla CFUG.

Em Ranipokhari murti, a situação da boa governação é melhor em comparação com outros quatro CFUG. O envolvimento dos membros da comunidade, dos peritos locais e das partes interessadas, o consenso no processo de tomada de decisões, a transparência da informação e a responsabilidade são melhores do que nos outros CFUG, o que garante a gestão sustentável da floresta.

Uma vez que a média de governação de Sathi mure é mais baixa do que as outras, conclui-se que é necessário um maior esforço e empenho para melhorar a condição de governação. A responsabilização, a orientação para o consenso, a participação e a capacidade de resposta exigem uma atenção especial para a melhoria do estado da governação.

Quadro 10: Análise global da boa governação

CFUGs	P	T	R	RL	C	I&E	E&E	A	Governação média (%)	Estado
Ranipokhari murti	75.6	70.6	73.6	75.8	78.3	69.4	78.3	75.3	74.6	Bom
Kholi ramite	65.8	65.4	64.6	61.3	62.9	64.6	66.8	65.4	64.6	Médio
Sathi mure	57.5	68.0	52.5	56.0	53.5	57.5	63.5	59.0	58.4	Médio
Sano sabla	62.9	62.9	62.9	57.1	54.2	52.9	62.9	67.9	60.5	Médio
Daskate	64.6	64.6	64.6	50.2	49.6	64.6	50.2	63.3	59.0	Médio
Total médio (%)	65.3	66.3	63.7	60.1	59.7	61.8	64.3	66.2	63.4	Médio

Estado global de boa governação

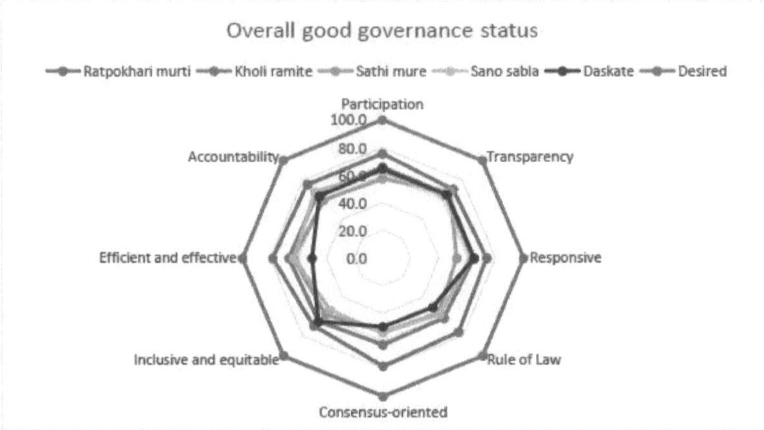

Figura 17: Situação geral da boa governação

CAPÍTULO 5

CONCLUSÃO E RECOMENDAÇÃO

5.1 Conclusão

O estudo conclui que a participação das pessoas e a transparência foram melhores no CFUG de Ranipokhari murti do que noutros CFUG.

Os resultados do estudo e a avaliação da capacidade de governação de todos os CFUG concluem que o nível de governação é mais elevado no CFUG de Ranipokhari murti.

O estatuto médio de governação do CFUG de Sathi mure foi o mais baixo, o que permite concluir que é necessário um maior esforço e empenho para melhorar a governação.

A média de governação obtida foi de 63,4%, o que permite concluir que ainda há espaço para a melhoria do estatuto de governação em todos os CFUGs.

O PO e a constituição de todos os CFUG carecem de preocupações actuais em matéria de governação. Continua a verificar-se uma falta de participação funcional e de consenso na tomada de decisões em todos os CFUG.

Não existe um planeamento estratégico a longo prazo da gestão florestal em todos os CFUGs.

O PO e a constituição de ambos os CFUG carecem de preocupações actuais de governação. Continua a haver falta de participação funcional e de consenso na tomada de decisões em todos os CFUG. A maioria dos utilizadores participa na execução de diferentes actividades em todos os CFUG. Embora a participação dos pobres no processo de implementação seja baixa em todos os CFUG, o CFUG de Ranipokhari murti está a funcionar melhor entre os cinco CFUG no que diz respeito às vozes dos pobres consideradas aquando da tomada de decisões.

5.2 Recomendação

5.2.1. Para os CFUGs

- Todas as decisões tomadas pelo órgão executivo e as suas justificações devem ser transparentes para todos os utilizadores.
- Os cinco grupos devem praticar um sistema de acompanhamento e avaliação participativos (PM&E).
- Deve haver uma forma democrática de seleção dos membros do CE.
- A decisão sobre a distribuição dos produtos florestais deve ser tomada por consenso.

5.2.2. Ao DFO, ao FECOFUN e a outras agências de tutela

- Promover a prática da M & E participativa nos CFUG e reforçar a sua capacidade de desenvolver os seus próprios indicadores e critérios.

- Promover a inclusão das questões de governação na revisão dos estatutos e do PO dos CFUG
- Convencer as pessoas a mobilizar recursos locais em benefício dos pobres, *dos Dalits* e das pessoas marginalizadas.
- Realizar formações de curta duração e visitas de estudo para aumentar a sensibilização e os conhecimentos sobre boa governação, mobilização social, métodos e estratégias de implementação, etc.
- Promover junto dos utilizadores a realização de auditorias públicas e audições públicas anuais, que são muito importantes para reforçar a transparência e a responsabilização dos membros executivos.

REFERÊNCIA

Adhikari, B. (2002). Community Forestry and Livelihoods (Silvicultura Comunitária e Meios de Subsistência). *Journal of Forest and Livelihood Vol, 2*(julho), 3-14. http://www.forestaction.org/pdfs/journal_of_forest_and_livelihood/vol2_1/Household characteristics _18_.pdf

Ali, M. (2019). Governação e boa governação: A Conceptual Perspective. *Revista de Administração Pública e Governação, 10*(1), 65-77.

Arts, B., & Buizer, M. (2009). Florestas, discursos, instituições. Uma análise discursivo-institucional da governação global das florestas. *Forest Policy and Economics, 11*(5-6), 340-347. https://doi.org/10.1016/j.forpol.2008.10.004

Autores, T., Regional, W., & Direção, F. (2004). *Apoio à silvicultura comunitária através da boa governação: o papel da Federação dos Utilizadores da Silvicultura Comunitária do Nepal (FUCOFUN) na equidade (relatório de um estudo de caso apresentado ao Colégio do Pessoal Administrativo do Nepal). 2.*

Cadman, T., Maraseni, T., Koju, U. A., Shrestha, A., & Karki, S. (2023). Forest Governance in Nepal concerning Sustainable Community Forest Management and Red Panda Conservation. *Land, 12*(2), 1-23. https://doi.org/10.3390/land12020493

Castren, T., & Pillai, M. (2011). *Forest Governance 2.0: A Primer on ICTS and Governance.* 124. http://www.profor.info/profor/sites/profor.info/files/docs/Forest Governance_web.pdf

Chaudhary, D. (2020). Perspetiva de boa governação e desenvolvimento humano no Nepal. *Open Journal of Political Science, 10*(02), 135-147. https://doi.org/10.4236/ojps.2020.102010

Community, R., Training, F., & Bangkok, P. (n.d.). *C u r r e n t S t a t u s o f C o m m u n i t y F o r e s t r y i n N e p a l By K e s h a v R a j K a n e l , P h . D . D e p u t a d o r G e r a l C h i e f , D i v i s ã o d e D e p a r t a m e n t o d a C o m u n i d a d e F o r t e s t r i a l d e F o r .*

Dahal, G. R., & Chapagain, A. (2008). Community forestry in Nepal: decentralized forest governance In: Pierce CC. *Lessons from Forest Decentralization:'"Money, Justice and the Quest for Good Governance in Asia-Pacific"'CIFOR*, 65-79.

Emerson, P. (2022). Boa Governação "Good Governance". *Ciências Humanísticas), 9*(1), 132-155. www.ceeol.com.

Gentle, P., Acharya, K. P., & Dahal, G. R. (2007). *Campanha de Advocacia para Melhorar a Governança na Silvicultura Comunitária: Um Caso do Nepal Ocidental. 6* (1).

GURUNG, B. D. (2007). Abordagem de parceria múltipla na FC. *Nepal Swiss Community Forestry Project of Swiss Development Corporation (Www. Sdc. Org. vn/Resource). Acedido em, 17.*

Introdutório, A. N., & Condutor, G. T. O. (n.d.). *Lições aprendidas e experiências de África do Sul.* www.afesis.org.za

Kanel, K. R., & Ram, B. (2004). *Community Forestry in Nepal : Achievements and Challenges (Silvicultura Comunitária no Nepal: Realizações e Desafios).* *4*(1), 55-63.

Kimengsi, J. N., & Bhusal, P. (2022). Community Forestry Governance: Lessons for Cameroon and Nepal. *Society and Natural Resources*, *35*(4), 447-464. https://doi.org/10.1080/08941920.2021.2006844

Lacuna-richman, C., Devkota, B. P., & Richman, M. A. (2016). Política florestal e economia Prioridades dos utilizadores para a boa governação na silvicultura comunitária: dois casos da região Terai do Nepal. *Política e Economia Florestal*, *65*, 69-78. https://doi.org/10.1016/j.forpol.2015.11.005

Lamichhane, B. P. (2021). Good Governance in Nepal: Legal Provisions and Judicial Praxis. *Journal of Political Science*, *21*(fevereiro), 19-30. https://doi.org/10.3126/jps.v21i0.35260

Lamichhane, D., & Parajuli, R. (2014). Quão bom é o status de governança na silvicultura comunitária? Um estudo de caso de Midhills no Nepal. *Journal of Ecosystems*, *2014*, 1-7. https://doi.org/10.1155/2014/541374

Momen, N., Baikady, R., Li, C. S., & Basavaraj, M. (2020). Construir comunidades sustentáveis: Resposta da sociedade civil no sul da Ásia. Em *Construindo Comunidades Sustentáveis: Civil Society Response in South Asia.* https://doi.org/10.1007/978-981-15- 2393-9

Mukrimaa, S. S., Nurdyansyah, Fahyuni, E. F., YULIA CITRA, A., Schulz, N. D., J ,ύ[1] ^., Taniredja, T., Faridli, E. M., & Harmianto, S. (2016). Não ≡≡H≡ffiW^Hr⅞Λ^tt^≡^^Título. In *Jurnal Penelitian Pendidikan Guru Sekolah Dasar* (Vol. 6, Issue August).

Nations, U. (n.d.). *O que é a boa governação?*

Nik Mahmod, N. A. K. (2013). Good Governance and the Rule of Law. *UUM Journal of Legal Studies*, *4*, 45-55. https://doi.org/10.32890/uumjls.4.2013.4559

Paudel, A., & Vogel, S. (2007). Community Forestry Governance in Nepal: A Case Study of the Role of Service Providers in a Community Forest Users Group. *Diskussionspapier DP-34-2007*, *18*(2), 31 S.

Piabuo, S. M., Foundjem-Tita, D., & Minang, P. A. (2018). Governação florestal comunitária nos Camarões: A review. *Ecologia e Sociedade*, *23*(3). https://doi.org/10.5751/ES-10330-230334

Pokharel, R. K. (2003). *An Evaluation of the community Forestry Program in Kaski district of*

Nepal: A local Perspective. Michigan State University.

Sharma, N. N., & Acharya, B. (2004). Good Governance in Nepal's Community Forestry (Boa Governança na Silvicultura Comunitária do Nepal): Translating Concepts into Actions. *Twenty Five Years of Community Forestry,* 422-432.

Sozial, S., Forschung, I., & Marina, P. (2011). *Kalpana Devi Devkota Performance of Community Forestry Governance : Three case studies from western Nepal Dissertation zur Erlangung des akademischen Grades Doktorin der Sozial-und Wirtschaftswissenschaft. setembro.*

Study, C., Devdaha, F., & Forestrupandehi, C. (2022). *UMA AVALIAÇÃO DO SISTEMA DE DISTRIBUIÇÃO DE PRODUTOS FLORESTAIS EM. setembro.*

Taylor, P., Pokharel, R. K., & Tiwari, K. R. (2013). *Good Governance Assessment in Nepal ' s Community Forestry Good Governance Assessment in Nepal ' s. março de 2015*, 37-41. https://doi.org/10.1080/10549811.2013.779902

Thapa, S., Prasai, R., & Pahadi, R. (2020). A liderança baseada no género afecta a boa governação na gestão florestal comunitária? Um estudo de caso do distrito de Bhaktapur. *Banko Janakari, 30*(2), 59-70. https://doi.org/10.3126/banko.v30i2.33479

APÊNDICE

Apêndice I: Elementos da governação e indicadores utilizados na avaliação da governação dos CFUG

INDICADOR	V. pobre 1	Pobre 2	Feira 3	Bom 4	V. bom 5
PARTICIPAÇÃO					
Participação em cargos-chave/decisão?					
Participação na execução?					
Participação na partilha de benefícios?					
Participação no processo de tomada de decisões					
TRANSPARÊNCIA					
Em rendimentos e fontes de rendimento					
Em pormenor nas despesas					
Livre acesso a informações sobre decisões, fundos, etc.					
Na venda e distribuição de produtos florestais					
RESPONSÁVEL					
Os CFUG respondem às suas necessidades? Como é que eles responderam?					
Afetado por quaisquer decisões do CFUG?					
Interagir com os membros do CFUG relativamente à FC					
Sistema de controlo participativo e transparente					
REGRA DE DIREITO					
Constituições e PO revistos e actualizados					
Recompensa e castigo mencionados no PO e na Constituição					
Desempenho do trabalho do CFUC					
ORIENTADA PARA O CONSENSO					
As decisões são tomadas com base no consenso					
Modo do consenso alcançado					
Como são escolhidos os representantes e os cargos de direção					
INCLUSIVO E EQUITATIVO					
Modo de partilha dos benefícios					
Regimes/provisões específicos para as pessoas mais					

pobres					
Disposições específicas para os membros do sexo feminino a incluir no CFUC ou em quaisquer programas de elevação, como a educação de adultos, a formação, etc.					
A representação das mulheres, das castas baixas e dos membros pobres no CFUC está em conformidade com as regras					
EFICIENTE E EFICAZ					
O estado da floresta melhorou após a FC					
As actividades de gestão florestal são realizadas em conformidade com o PO					
Forneceu formação em gestão florestal aos utilizadores					
RESPONSABILIDADE					
Apoio técnico fornecido pela DFO, se necessário					
Existem ONGs e OCBs que apoiam o CFUG?					
Os membros do CFUC são tendenciosos em relação a quaisquer membros do CFUG					
Já alguma vez leste a Constituição e o PO?					

Apêndice II: Tabela de classificação que mostra a classificação de um elemento de boa governação de acordo com a sua pontuação.

Classificação/Level	Muito pobre	Pobres	Justo	Bom	Muito bom
Elemento	1	2	3	4	5

Apêndice III: Questionário para o inquérito aos agregados familiares

Categoria do agregado familiar (com base na classificação do bem-estar):

Nome do entrevistador:

1. Dados do inquirido a. Nome dos inquiridos:

b. Adressantes. i. N.º do bairro ii. Aldeia c. VDC: iii. FUG: **c. Sexo** Masculino Feminino

d. Grau de instrução:

i. Analfabeto ii. Até ao ensino primário iii. Até ao ensino secundário iv. Aprovação no ensino secundário v. Faculdade (ensino superior)

e) Estrutura etária

i. (16-35) ii. (35-55) iii. Acima de 55

f) Profissão/principal fonte de rendimento

i. Agricultura ii. Comércio iii. Estudo iv. Emprego v. Trabalho por conta de outrem vii. Outros:

APÊNDICE-IV: Lista de verificação das informações secundárias dos registos dos CFUG e interação com os CFUC

Informações CFUG Data:

Nome:

Endereço:

Número de famílias:

População:

Informações sobre o FC

Nome:

Área:

Principais espécies Nº de

blocos: Entregue

data: OP data de revisão:

1. Presença dos utilizadores em reuniões/assembleias
2. Percentagem de mulheres, pobres e *Dalits* presentes na reunião de massas
3. Contribuição dos utilizadores para a taxa de adesão/material
4. Participação dos utilizadores no desenvolvimento da comunidade, na proteção das florestas e nas actividades de desenvolvimento
5. Participação das mulheres, dos pobres e dos *Dalits* na reunião do FUGC
6. Percentagem de membros do CFUG/C que conhecem a fonte de rendimento do CFUG
7. Gestão de facturas e recibos de transacções económicas
8. Condições de manutenção de registos e de auditoria
9. Voluntariado dos membros do CFUC/CFUG na assunção de responsabilidades
10. Entrega dos registos do antigo comité ao novo CFUC
11. Representação e posição de homens/mulheres, pobres e *Dalits* no CFUC?

12. Previsão de contribuição dos utilizadores para actividades florestais comunitárias?

13. Realização de uma classificação do bem-estar do CFUG e do programa de melhoria dos meios de subsistência

14. Prever a preparação prévia das mulheres, dos pobres e dos dalits para participarem em reuniões, acções de formação e workshops, etc.

15. Preparação de sub-regras, diretivas e orientações para a execução do programa?

16. Previsão de acumulação e mobilização de fundos colectivos

17. Estado de desenvolvimento das infra-estruturas físicas

18. Consideração dos recursos na conceção de planos e programas

19. Condição de desenvolvimento da liderança

20. Participação ativa e significativa das mulheres e do grupo de P&E nas actividades gerais regulares
assembleia/reunião em relação ao seu número

21. O programa anual, o orçamento, os progressos e outras informações pertinentes da UG são aprovados pelos utilizadores e tornados públicos através de quadros de avisos e outros meios eficazes

APÊNDICE-V: Lista de controlo para as discussões em grupo (mulheres)

1. Participação na preparação da constituição e do PO
2. Percentagem de pessoas que expressaram a sua opinião numa reunião de massas
3. Percentagem de mulheres presentes em reuniões de massas e que levantam a voz
4. Participação das mulheres na análise das necessidades e na decisão sobre a partilha de benefícios
5. Participação das mulheres no desenvolvimento da comunidade, na proteção das florestas e nas actividades de desenvolvimento
6. Participação das mulheres na reunião do FUGC
7. Conhecimento das mulheres sobre o conteúdo do PO e da Constituição
8. Participação e seleção de participantes em acções de formação/workshops/visitas de estudo e partilha de conhecimentos
9. Transparência no sistema de distribuição de produtos florestais
10. Representação e posição das mulheres/homens no CFUC
11. Preparação prévia das mulheres para participarem em reuniões, acções de formação e workshops, etc.
12. Envolvimento das mulheres na tomada de decisões e na implementação do programa de melhoramento florestal

APÊNDICE-VI: Lista de controlo para as discussões dos grupos de discussão

(pobres)

1. Participação dos pobres na preparação da constituição e do PO
2. Percentagem de presenças pobres, que exprimem a sua opinião e consideração na reunião de massas
3. Participação dos pobres na análise das necessidades e na decisão sobre a partilha de benefícios
4. Vontade dos pobres de participar no desenvolvimento da comunidade, na proteção das florestas e nas actividades de desenvolvimento
5. Participação dos pobres na reunião do CFUC
6. Percentagem de pobres que conhecem a fonte de rendimento do CFUG
7. Transparência na tomada de decisões relativas às despesas das diferentes actividades
8. Conhecimento dos pobres sobre o conteúdo do PO e da Constituição
9. Participação e seleção deficiente para formações/workshops/visitas de estudo e partilha de aprendizagens
10. Transparência no sistema de distribuição de produtos florestais
11. Conhecimento dos pobres sobre os seus papéis, responsabilidades e direitos
12. Representação e posição dos pobres no CFUC
13. Contribuição dos pobres para as actividades florestais comunitárias

APÊNDICE-VII: Lista de controlo para a interação com as organizações governamentais e as ONG

Nome: Designação: Organização:

1. Quantos FC foram entregues?
2. Área total de floresta entregue como FC?
3. Quais são os principais factores e condições para uma gestão eficaz da FC?
4. Quais são as suas opiniões e observações sobre a participação das mulheres, dos pobres ou de outros DAG no programa do FC?
5. Na sua opinião, quais são os factores que determinam a sua participação em todos os aspectos da gestão da FC?
6. Quais são as suas atitudes em relação à FC?
7. Considera que a política atual é sustentável ou adequada para a gestão do FC de forma a envolver todos os grupos de interesse?
8. Se for caso disso, que alterações considera que devem ser introduzidas?
9. Quais são os principais problemas na execução do programa FC?
10. Quais são os apoios prestados pela sua organização para promover a boa governação na

FC?

11. Nomear os FC que estão a funcionar de forma eficiente e com boa governação?

12. Qual é o plano ou estratégia futura da sua organização para promover a boa governação na FC?

13. Participação na elaboração da Constituição e do PO

14. Manutenção de registos e auditoria das despesas

15. Conhecimento dos utilizadores sobre o conteúdo do PO e da Constituição

16. Participação e seleção dos utilizadores para formações/workshops/visitas de estudo e partilha de conhecimentos.

APÊNDICE-VIII: Avaliação do desempenho em matéria de boa governação

Intervalo de pontuação (%)	Estado	Observações
85-100	Muito bom	Continue assim
65-84	Bom	Ainda há margem para melhorias
50-64	Médio	Ainda há muito espaço para melhorias
35-49	Pobres	Necessidade de mais esforço e empenho para melhorar
<35	Muito pobre	Necessidade de uma reforma profunda

Fonte: (Thapa et al., 2020)

ESBOÇO BIOGRÁFICO

Dados pessoais

Nome: Terisa Sapkota

Data de nascimento: 2000/08/30 (2057/05/14)

Nacionalidade: Nepalês

Endereço permanente: Inaruwa, Sunsari, província de Koshi, Nepal

N.º de telemóvel: 9865505194

Correio eletrónico:teresapkota@gmail.com

INFORMAÇÕES SOBRE EDUCAÇÃO

NÍVEL	INSTITUIÇÕES	CONSELHO	APROVADO ANO	GPA
S.L.C	Escola Secundária Superior Internacional Senhor Buda	S.L.C.	2072	3.26
+2	Sushma Godhawari Faculdade	NEB	2075	3.02
Licenciatura.	Faculdade de Silvicultura, Escola Superior de Gestão dos Recursos Naturais, Katari	AFU	A funcionar(2075-2079)	

MIX
Papier aus verantwortungsvollen Quellen
Paper from responsible sources
FSC® C105338

FSC
www.fsc.org

Printed by Books on Demand GmbH, Norderstedt / Germany